www.tredition.de

Beendet März 2007

Heinz-Gisbert Sandhöfer

Neues vom Rindenmännchen -

Aufbau und Arbeitsweise des Gehirns

www.tredition.de

Das Werk, einschließlich aller seiner Teile, ist urheberrechtlich geschützt. Jede Verwertung ist ohne Zustimmung des Verlages und des Autors unzulässig. Dies gilt insbesondere für Vervielfältigungen, Übersetzungen, Mikroverfilmungen und die Einspeicherung und Verarbeitung in elektronischen Systemen.

© 2009   Autor: Heinz-Gisbert Sandhöfer
Verlag: tredition GmbH
www.tredition.de
Printed in Germany

ISBN: 978-3-86850-346-3

Bibliografische Information der Deutschen Nationalbibliothek
Die Deutsche Nationalbibliothek verzeichnet diese Publikation in der Deutschen Nationalbibliografie; detaillierte bibliografische Daten sind im Internet über http://dnb.d-nb.de abrufbar.

Inhaltsverzeichnis

Wahrheit und Gewissheit 9

Wahrnehmung 14

Schrittmacher und Rhythmen 21

Denken 27

Gedächtnis, Aufmerksamkeit und Lernen 31

Emotionen 35

Handeln 38

Bewusstsein, Ich und Willensfreiheit 43

Wahrheit und Gewissheit

Es gibt eine ganze Reihe von Aussagen, hinsichtlich deren Wahrheitsgehalt allgemeine Übereinstimmung herrscht. Sätze wie "Tag und Nacht wechseln einander ab" oder "Manche Tiere leben im Wasser" werden als wahr bezeichnet, andere wie "Der Mensch kann ohne Nahrung leben" als falsch abgelehnt. Die Zuordnung erfolgt hier spontan und uniform, Variationen irritieren und verlangen eine umständliche Begründung.

Jedoch: können wir Wahrheit allgemeingültig bestimmen und sagen, unter welchen Voraussetzungen eine Aussage als wahr anzusehen ist? Eingehende Überlegungen zu dieser Frage zeigen, dass dies prinzipiell nicht möglich ist. Folgende Ausführungen mögen dies erläutern.

Aussagen haben einen diskursiven Aussageninhalt, der ein Spezifisches allgemeingültig fasst, und einen distributiven Aussageninhalt, der Folge eines Bewertungsprozesses ist. In unserem Zusammenhang umfasst dieser Bewertungsprozess die Kategorien "falsch" und "wahr". Bezieht sich der diskursive Inhalt einer Aussage auf den distributiven Inhalt der gleichen Aussage wird die Aussage hinsichtlich des distributiven Inhaltes uneindeutig. Was entsteht, sind die bekannten

Paradoxa wie: "Ein Kreter sagt, dass alle Kreter lügen". Ist diese Aussage wahr oder falsch? – Ist sie wahr, dann lügen alle Kreter, und folglich ist die Aussage des Kreters falsch. Ist sie falsch, dann lügen alle Kreter nicht, und die Aussage des Kreters ist wahr. Der diskursive Aussageninhalt umfasst über das Wort "lügen", d.h. "nicht die Wahrheit sagen" oder "eine falsche Aussage machen", den distributiven Aussageninhalt.

Durch die implizite Annahme, dass eine wahre Aussage gemacht wird, zeigen alle Aussagen über Wahrheit die gleiche Struktur: die Beziehung des diskursiven auf den distributiven Aussageninhalt. Damit endet jede Beantwortung der Frage nach dem Charakteristikum der Wahrheit mit einem Paradoxon.

Beispiel: "Wahr ist eine Aussage, wenn ihr Inhalt mit Sinneswahrnehmungen übereinstimmt". Hiernach muss eine Aussage, um wahr zu sein, einen Inhalt haben, der mit Sinneswahrnehmungen überprüfbar ist. Trifft das auf unser Aussagenbeispiel zu? – Wohl nicht, damit ist die Aussage falsch, wenn sie wahr ist. Umgekehrt ist die Aussage wahr, wenn man ihre Falschheit voraussetzt.

Die Unmöglichkeit, das Charakteristikum der Wahrheit anzugeben, ohne an ein Paradoxon zu geraten, lässt nur axiomatische Aussagen über die Wahrheit zu. Derartige Axiome können zwar komplizierte und widerspruchsfreie Systeme begründen, sind aber letztendlich beliebig.

Dem steht die Praxis gegenüber, dass sprachliche Äußerungen ständig mit Zuordnungen von "wahr" oder "falsch" operieren, ohne dass dies erkennbare Nachteile mit sich bringt. Wer den Begriff der Wahrheit wegen der Unmöglichkeit einer widerspruchsfreien Definition abschaffen will, wird nichts einfacher machen. Neben die Unmöglichkeit der Wahrheitsdefinition tritt die Unmöglichkeit, auf den Begriff der Wahrheit zu verzichten.

Um dennoch Wahrheit näher zu bestimmen, müssen andere Wege begangen werden. Wahrheit darf nicht losgelöst von demjenigen betrachtet werden, der etwas für wahr hält. Von der Sprachanalyse führt kein Weg zur Wahrheit. Nicht die Untersuchung des Zeichensystems, in dem über Wahrheit verhandelt wird, sondern die

Begutachtung des Prozesses, in dem das Individuum Wahrheit einem Sachverhalt zuordnet wird, liefert weitere Erkenntnisse.

Die Zuordnung von Wahrheit ist Teil des Wahrnehmungsprozesses. Die Beurteilung einer Aussage beginnt nicht mit der Aussage, sondern mit der Wahrnehmung der Aussage. Jede Wahrnehmung wiederum umfasst zwei deutlich abgrenzbare Vorgänge, die als Registrierung und Bewertung bezeichnet werden können, wobei die Bewertung der Registrierung vorausgeht. Die durch Wahrnehmung entstandenen Vorstellungen können durch Denken modifiziert werden, bevor sie im Handeln zum Ausdruck kommen.

Diskursiver und distributiver Inhalt einer Aussage sind jeweils der Registrierung und Bewertung beim Wahrnehmungsprozess zuzuordnen. Die Beobachtung von Registrierung und Bewertung erfolgt durch die Innenwahrnehmung. Hier ergibt sich ein deutlich erkennbarer Gefühlszustand, indem dem Individuum "wahr" und "falsch" als unumstößlich gegeben sind. Dieser Zustand soll als "Gewissheit" bezeichnet werden.

Um Missverständnissen vorzubeugen: der Gefühlzustand der Gewissheit stellt nicht das Kriterium der Wahrheit dar. Gewissheit macht Aussagen nicht wahr, sondern begleitet nur den Moment, in dem das Individuum die Prädikate "wahr" und "falsch" zuordnet. Für das Individuum ist Gewissheit die Voraussetzung von Wahrheitsaussagen, darüber hinausgehend ist sie jedoch kein allgemeiner Indikator von Wahrheit.

Der Gefühlszustand der Gewissheit ist keine eigene Emotion, sondern nur Bestandteil von Emotionen. Man findet ihn bei der Freude ebenso wie beim Zorn und beim Ekel. Der Gegenspieler der Gewissheit ist der Zustand des Zweifels, in dem "wahr" und "falsch" nicht zuordenbar sind. Zweifel findet seinen sprachlichen Ausdruck in der Frage. Auch der Zweifel ist keine eigene Emotion, sondern findet sich bei Angst, Trauer und Verzweif(!)lung.

Die hier dargestellte Verbindung von Wahrheit und Gewissheit bedeutet: Wahrheit ergibt sich zunächst nicht aus der Anwendung bestimmter Denkregeln, sondern ist Ausfluss eines Gefühlszustandes. Dieser Zustand - Gewissheit - wird bei der Wahrnehmung von Aussagen wirksam, bevor der Inhalt der Aussagen mitteilbar registriert wird. Die primäre Zuordnung von "wahr" und "falsch" kann durch Denken modifiziert werden, läuft aber immer im Rahmen des ursprünglichen Schemas ab.

Der Zustand der Gewissheit findet sich nicht nur reizabhängig bei Emotionen, sondern tritt auch regelmäßig im Rahmen von zyklischen Stimmungsschwankungen auf. Diese folgen einem inneren Rhythmus, wobei Zustände der Gewissheit sich regelmäßig mit Phasen des Zweifels abwechseln. Innere und äußere Einflüsse haben auf diese Schwankungen nur einen modifizierenden Einfluss: Phasen der Gewissheit oder des Zweifels können verkürzt oder verlängert werden.

Gewissheit und Zweifel haben unterschiedliche Auswirkungen auf das Handeln. Der Zustand der Gewissheit wirkt handlungsanstoßend und -bekräftigend, während Zweifel einen hemmenden Einfluss auf Handlungen hat.

Obwohl die Frage nach dem Charakteristikum der Wahrheit innerhalb des Zeichensystems der Sprache nicht eindeutig beantwortet werden kann, ist der Prozess der Herstellung von Wahrheit beschreibbar. Wahrheit entsteht im Verlaufe eines Bewertungsvorganges, der Teil unserer Wahrnehmung ist. Die Beliebigkeit der Zuordnung von Wahrheit im Zustand der Gewissheit wird durch die Eigenheiten dieses Zustandes und durch das konsekutive Handeln eingeschränkt.

Wahrnehmung

Feststellungen zur Wahrheitsfindung sind möglich im Rahmen eines umfassenden Prozesses: der Wahrnehmung. Bei dieser sind wiederum zwei Teilprozesse abgrenzbar: Registrierung und Bewertung. Für die Zuteilung des Prädikats "wahr" ist der Bewertungsprozess verantwortlich.

Wer Wahrnehmung näher bestimmen will, muss zuerst die Hürde des solipsistischen Argumentes nehmen. Dieses lautet: es existiert nichts außerhalb unserer Wahrnehmung. Das, was wir als existierend wahrnehmen, ist nur eine Art Traum oder eine komplexere Halluzination, die uns vorgaukelt, es gäbe eine Existenz außerhalb unserer Wahrnehmung.
Oder: Existenz ist abhängig von der Wahrnehmung der Existenz, und beides sind nur Facetten unserer Wahrnehmung. Es gibt keinen Unterschied zwischen Sein und Schein, alles ist Schein, und dieser wird vermittelt in der Wahrnehmung.

Der Solipsismus kann durch folgenden Gedankengang widerlegt werden: damit Wahrnehmung wahrgenommen werden kann, muss sie abgrenzbar sein. Diese Abgrenzung erfolgt von etwas, das als Nicht-Wahrnehmung bezeichnet werden soll. Wahrnehmung und Nicht-Wahrnehmung haben notwendigerweise die gleiche Seins-Kategorie: existiert Wahrnehmung, dann existiert auch Nicht-Wahrnehmung.

Das, was unabhängig von unserer Wahrnehmung existiert, soll als Ereignis bezeichnet werden. Während sicherlich nicht alle Ereignisse wahrgenommen werden, kann doch kein Zweifel daran sein, dass die Wahrnehmung von Ereignissen möglich ist. Der Nachweis einer Einflussnahme von Ereignissen auf die Wahrnehmung erfordert jedoch die Einbeziehung des Handelns: Wenn Ereignisse aufgrund von Wahrnehmungen umgestaltet werden, wird überzeugend demonstriert, dass die Wahrnehmung unter der Wirkung von Ereignissen zustande kam.

Das Ereignis ist die Einheit der Nicht-Wahrnehmung und Ausgangspunkt der Wahrnehmung. Durch die Wahrnehmung wird das Ereignis transformiert in die Einheit der Wahrnehmung: die Vorstellung. Die Kenntnis des Transformationsprozesses erschließt uns die Eigenheiten der Wahrnehmung.

Rezeptoren, spezialisierte Sinneszellen oder Nervenendigungen, stehen am Anfang des Wahrnehmungsprozesses. Ereignisse teilen sich über Licht, Schall, Druck oder mit Hilfe bestimmter Chemikalien als Reize mit. Es entstehen in den Rezeptoren elektrische Spannungsschwankungen, die über Nervenbahnen dem Gehirn zugeleitet werden.

Schon auf Rezeptorebene werden Eigenheiten des Nervensystems wirksam und üben Filterfunktion auf das Rezeptierte aus. Um wahrgenommen zu werden, muss das Ereignis eine gewisse Reizstärke haben. Des Weiteren wechseln am Rezeptor Phasen der Erregbarkeit mit Phasen der Refraktärität ab: Reize werden diskontinuierlich aufgenommen. Auch die Weiterleitung über die Nervenfasern erfolgt diskontinuierlich, da hier ebenfalls Refraktärzeiten auf Erregungszeiten folgen. Das bedeutet, dass Ereignisse, die während der Refraktärphase ablaufen, nicht wahrgenommen werden können. Sowohl bei der Reizstärke als auch bei der Reizdauer gibt es Schwellenwerte, die von einem Ereignis überschritten werden müssen, damit es registriert werden kann. Der Schwellenwert für die Reizdauer dürfte bei den meisten Rezeptoren bei dreißig Millisekunden liegen.

Die Stelle, wo die verschiedenen, vom Ereignis ausgehenden Reize zu einem ersten Gesamtbild integriert werden, ist der Thalamus. Dieses Gesamtbild wird als Vorstellung bezeichnet. Unter einer Vorstellung verstehen wir die dimensionale Anordnung von Reizen im Vorstellungsraum. Die gefilterten und modifizierten Reize werden über einen gewissen Zeitraum zusammengefasst. Die Dauer einer Vorstellung beträgt mit 320 Millisekunden ein Vielfaches der Dauer eines Einzelreizes.

Der Thalamus stellt nicht nur den Empfänger für die Aktivität peripherer Rezeptororgane dar, sondern ist selbst ein Rezeptororgan. Als zentraler Rezeptor wird er von Vorstellungen erregt und leitet diese an die Großhirnrinde im Bereich des Schläfenlappens weiter. Dort werden die Vorstellungen zu wahrgenommenen Vorstellungen integriert. Wahrgenommene Vorstellungen entsprechen schließlich dem, was wir von den Ereignissen wahrnehmen.

Die Vorstellung wird vom Thalamus auf zweierlei Art weitergeleitet. Zum einen wird die Vorstellung in ihrer Gesamtheit an Schläfen- und Scheitellappen übermittelt. Zum anderen werden die Einzelreize nach Sinnesmodalitäten getrennt an spezifische Großhirnbereiche weitergeleitet und dort einer Diversifizierung unterzogen. So finden sich optische Reize im Hinterhauptslappen, akustische Reize im Schläfenlappen und taktile Reize im Scheitellappen wieder. Das Ergebnis der Analyse wird wiederum an den Schläfenlappen übermittelt und vervollständigt hier die wahrgenommene Vorstellung. Die wahrgenommene Vorstellung wird dadurch wesentlich detailreicher - "schärfer" - als die Vorstellung.

Jede Vorstellung findet sich in zwei wahrgenommenen Vorstellungen wieder: in einer der rechten und in einer der linken Großhirnhemisphäre. Die wahrgenommenen Vorstellungen der Großhirnhälften unterscheiden sich in ihrer Struktur. Die rechte Hemisphäre beherbergt gewöhnlich eine zeitlich orientierte, die linke eine räumlich orientierte Struktur. Die zeitlich orientierte wahrgenommene Vorstellung wird etwas schneller gebildet als die räumlich orientierte. Sie ist zweidimensional aufgebaut. Raumtiefe und Zeit werden nicht als eigene Dimensionen geführt, sondern durch Zuweisungen zu verschiedenen beziehungsweise wechselnden Lokalisationen dargestellt. Die räumlich orientierte wahrgenommene Vorstellung ist eindimensional.

Entsprechend der Zusammenfassung mehrerer Reize in der Vorstellung werden mehrere Vorstellungen in einer wahrgenommenen Vorstellung zusammengefasst. Die wahrgenommene Vorstellung umfasst einen Zeitraum von bis zu drei Sekunden, kann also etwa zehn Vorstellungen enthalten. Die dimensionale Anordnung der Vorstellungen in der wahrgenommenen Vorstellung soll als Bewusstseinsraum bezeichnet werden. Der Prozess, durch den die Vorstellungen im Bewusstseinsraum geordnet werden, ist Teil des Denkens. Die Begrenzung der Dauer der wahrgenommenen Vorstellung erfolgt durch Handeln. Eine Handlung muss spätestens nach drei Sekunden erfolgen.

Bei der Wahrnehmung werden Innen- und Außenwahrnehmung unterschieden. Die Außenwahrnehmung richtet sich auf die Aspekte der Ereignisse, die von anderen mit wahrnehmbar sind. Sie stützt sich im Wesentlichen auf die Reizaufnahme durch Sehen, Hören, Riechen und Tasten. Die Innenwahrnehmung beschäftigt sich mit Aspekten der Ereignisse, die von anderen nicht wahrgenommen werden können. Hierbei handelt es sich vor allem um Ereignisse innerhalb des eigenen Körpers. Die bevorzugten Rezeptortypen gehören der Propriozeption an. Innen- und Außenwahrnehmung treten immer gemeinsam auf. Sie sind Bestandteil jeder wahrgenommenen Vorstellung und sind dimensional - räumlich oder zeitlich - im Bewusstseinsraum nicht zu lokalisieren. Innen-

und Außenwahrnehmung sind Ergebnis einer Schwerpunktverlagerung im Bereich der wahrgenommenen Vorstellungen. Die Setzung des Schwerpunktes erfolgt durch die Aufmerksamkeit.

Mit der Bildung der Vorstellung entsteht im Thalamus ein Handlungsplan. Gewöhnlich kommt dieser Plan nicht sofort zur Ausführung, sondern wird ähnlich der Vorstellung zu Großhirnzentren weitergeleitet. Das Integrationszentrum für den Handlungsplan und seine Diversifizierung liegt im präfrontalen Cortex. Hier entsteht der wahrgenommene Handlungsplan. Wie bei den wahrgenommenen Vorstellungen gibt es auch bei den wahrgenommenen Handlungsplänen einen zeitlich orientierten und einen räumlich orientierten Plan. Die wahrgenommenen Handlungspläne werden durch Basalganglien und Kleinhirn modifiziert, um dann wiederum den Thalamus zu erreichen.

Die Verbindung von Vorstellung, wahrgenommener Vorstellung und Handlungsplänen erfolgt über die Großhirnwelle. Darunter wird eine elektrische Erregungswelle verstanden, die rhythmisch vom Thalamus ausgeht, sukzessive Okzipital-, Parietal- und Temporallappen erfasst, um dann über Frontalhirn und Basalganglien wieder zum Thalamus zurückzukehren. Die Dauer dieser Erregungswelle beträgt 320 Millisekunden. Ausgangs- und Endpunkt dieser Welle ist die Vorstellung. In ihrem Verlauf modifiziert sie wahrgenommene Vorstellung, Handlungsplan und wahrgenommenen Handlungsplan. Im Takt der Großhirnwelle wird die Dauer einer wahrgenommenen Vorstellung begrenzt. Nach spätestens zehn Großhirnwellen - etwa drei Sekunden - wird ein kritischer Schwellenwert erreicht, der eine Handlung auslöst. Damit beginnt die Bildung einer neuen wahrgenommenen Vorstellung.

Die Abbildung des Ereignisses über Thalamus und wahrgenommene Vorstellung stellt nur einen Teil des Wahrnehmungsprozesses dar. Dieser wird Registrierung genannt und versucht das Spezifische des Ereignisses in einem allgemeinen Rahmen darzustellen. Der andere Teil des Wahrnehmungsprozesses wird Bewertung genannt. Hier wird das Ereignis auf der Skala "angenehm - unangenehm" eingeordnet. Auch der Bewertungsprozess geht von der Vorstellung im Thalamus aus. Er erfolgt jedoch im Mandelkern. Das Ergebnis der Bewertung wird als Emotion bezeichnet.

Der Prozess der Bewertung ist vor dem Prozess der Registrierung abgeschlossen. Die Emotion wirkt zurück auf die Bildung der Vorstellung und beeinflusst damit die wahrgenommene Vorstellung. Sie verfügt über eine spezialisierte Sofortmotorik und determiniert Handlungsplan und wahrgenommenen Handlungsplan erheblich.

Mit der Darstellung des Wahrnehmungsvorganges wird deutlich, dass die wahrgenommene Vorstellung das Ereignis nicht abbildet, sondern lediglich in einem handlungsrelevanten Kontext eine Beziehung zu dem Ereignis unterhält. Die Frage nach der Natur des Ereignisses stellt sich weiterhin. Immerhin lässt die Analyse des Wahrnehmungsprozesses den Schluss zu, dass bestimmte Phänomene Charakteristika der Wahrnehmung sind und nicht dem Ereignis zugehören. Hier ist die Wahrnehmung von qualitativen und quantitiven Unterschieden zu erwähnen, die im Wesentlichen Rezeptoreigenheiten widerspiegelt. Phasenübergänge wie zwischen fest, flüssig und gasförmig dürften wohl ebenfalls unserer Wahrnehmung zuzurechnen sein. Des Weiteren sind die drei Raumdimensionen und die Zeit nur Schablonen der Wahrnehmung. Die Tatsache, dass die Zeit im räumlich orientierten Denken nur als Begriff und nicht als Dimension existiert, zeigt dies sehr deutlich.

Die Erkenntnis, dass sich unserer Wahrnehmung nicht die Natur des Ereignisses erschließt, lässt immerhin die Möglichkeit einer stringenteren Beeinflussung der Ereignisse offen. Dies könnte durch eine anders dimensionierte Strukturierung unserer wahrgenommenen Vorstellungen erreicht werden.

Schrittmacher und Rhythmen

Über den Wahrnehmungsvorgang lösen äußere Ereignisse im Gehirn eine Reaktion aus. Unabhängig von derartigen Ereignissen entstehen jedoch im Gehirn fortlaufend Erregungsmuster, die auf Wahrnehmung und äußere Ereignisse einwirken. Ausgangspunkt dieser Erregungsmuster sind Schrittmacherzellen, in denen die entscheidende elektrische Aktivität spontan auftritt. Die Schrittmacherzellen bilden rhythmisch Aktionspotentiale, die weitere Neuronen erregen.

Schrittmacherzellen finden sich vor allem im Zwischen- und Mittelhirn. Herz- und Atemtätigkeit erhalten hier die entscheidenden Impulse, Wachheit und Stimmung werden von hier aus moduliert. Im Thalamus, in der Adhäsio interthalamica, wird rhythmisch eine Erregungswelle gebildet, die sich über die Großhirnhemisphären ausbreitet.

Die verschiedenen elektrischen Rhythmen des Gehirns finden ihre endgültige Ausprägung durch die wechselseitige Beeinflussung, die sie aufeinander ausüben. Grundlegend ist der Atemrhythmus. Er wird durch die Schrittmacherzellen des Atemzentrums, das einen hemmenden und einen erregenden Teil besitzt, organisiert. Die Schrittmacherzellen des erregenden Teils lösen in Ruhelage alle drei Sekunden eine Einatmung aus. Elektrische Aktivität von hemmendem und erregendem Teil des Atemzentrums verhalten sich zueinander reziprok. Der Grundrhythmus der Schrittmacherzellen kann durch hemmende oder bahnende Einflüsse aus anderen Gehirnteilen beschleunigt oder verlangsamt werden.

Die Impulse der Schrittmacherzellen des Einatemzentrums gelangen alle drei Sekunden auch an die Formatio reticularis, die eine stimulierende Funktion auf nahezu alle Gehirnbereiche ausübt und vor allem positiv rückkoppelnde Nervenbahnen anspricht. Atemzentrum und positive Rückkopplung innerhalb der Formatio reticularis bewirken zunächst, dass das Erregungsniveau des Gehirns steigt: es kommt zu einer allgemeinen Weckreaktion. Mit zunehmendem Erregungsniveau werden allerdings negativ rückkoppelnde Strukturen wirksam und das Wachheitsniveau sinkt wieder. Auf diese Weise entsteht der bekannte, etwa vierundzwanzig Stunden dauernde Schlaf-Wachrhythmus. In ihm ist eine weitere rhythmische Untergliederung nachweisbar.

Das wechselnde elektrische Erregungsniveau des Schlaf-Wachrhythmus zeigt sich in Aktiv-und Erholungsphasen. In der Erholungsphase sinkt das Erregungsniveau, während es in der Aktivphase ansteigt. Die Erholungsphase geht mit einem Gefühl der Müdigkeit und Bewegungsunlust, die Aktivphase mit Unruhe und Bewegungsdrang einher. Für beide Phasen sind 90-Minuten-Perioden gut abgrenzbar, wobei der Wechsel zwischen den jeweiligen Phasen unabhängig vom Schlaf- und Wachzustand oder der Art der Tätigkeit stattfindet.

Die 90-Minuten-Perioden gliedern die täglichen Wachheitsschwankungen auf einfache Weise. Nach einer 90-minütigen Aktivphase folgt regelmäßig eine 90-minütige Erholungsphase. Derartige Drei-Stunden-Einheiten zeigen aber nicht notwendigerweise am Anfang und Ende das gleiche Erregungsniveau. Typisch ist ein asymmetrischer Verlauf. Über neun Stunden steigt das Erregungsniveau, bleibt über weitere sechs Stunden auf annähernd gleich hohem Niveau und fällt während der letzten neun Stunden der Tagesschwankungen wieder ab. Unterschreitet das Erregungsniveau einen gewissen Schwellenwert, beginnt der Schlafzustand.

Durch Wahrnehmungsreize können die rhythmischen Schwankungen des Erregungsniveaus modifiziert werden. Durch Weckreize werden Erholungsphasen abgebrochen und Aktivphasen eingeleitet, durch den Schreckreiz kann sogar eine sofortige Umstellung erzwungen werden. Umgekehrt können beruhigende und einschläfernde Reize den Übergang von Aktiv- zu Erholungsphasen bewirken. Allerdings tritt der Erfolg hier nicht so prompt ein wie bei den Weckreizen.

Bemerkenswert ist, dass nach einem Umstellungsreiz wieder die bekannten Schwankungen zwischen Aktiv- und Erholungsphasen einsetzen. Weitere Umstellungsreize sind innerhalb desselben Tageszyklus nur noch abgeschwächt oder gar nicht mehr wirksam. Das Erregungsniveau kann nach einem Umstellungsreiz nur innerhalb gewisser Grenzen, die von dem durch die Tagesrhythmik vorgegebenen Erregungsniveau abhängen, schwanken. Der weitere Verlauf des Erregungsniveaus verhält sich zu der durch den Umstellungsreiz bedingten Veränderung spiegelbildlich: steile Anstiege werden von tiefen Einbrüchen gefolgt und umgekehrt.

Die Steuerung des Wachheitszyklus erfolgt durch positive und negative Rückkopplungen. Eine wichtige rückkoppelnde Struktur ist der sogenannte Stimmungszyklus. Hierunter wird die zyklische Schwankung der Stimmungen - Freude, Angst, Trauer, Wut - verstanden. Diesem liegt die Ausschüttung von Transmittersubstanzen in einem Verbund von Zellkernregionen im Mittelhirn zugrunde. Die Transmitter, die in diesen Zellregionen produziert und im gesamten Hirnbereich wirksam werden, sind: Noradrenalin, Dopamin, Endorphine, Acetylcholin und Serotonin. Die Wechselwirkung zwischen den Zellpopulationen im Mittelhirn ist für eine charakteristische Schwankung der dominierenden Transmittekombinationen verantwortlich: von Noradrenalin/Dopamin über Dopamin/Endorphine weiter zum Acetylcholin und schließlich zu

Serotonin/Endorphine. Diesen Transmitterkombinationen können bestimmte Stimmungen zugeordnet werden. Noradrenalin/ Dopamin steht für Wut, Begeisterung und Aufbruchsstimmung, Dopamin/ Endorphine für Freude, Acetylcholin für Zweifel und Angst und Serotonin/Endorphine für eine melancholische Gelassenheit oder Trauer.

Zwischen Wachheitszyklus und Stimmungszyklus besteht folgender Zusammenhang: mit ansteigendem Erregungsniveau wird die Noradrenalin/Dopamin-Phase des Stimmungsniveaus stimuliert. Diese wirkt positiv rückkoppelnd auf das Erregungsniveau. Die positive Rückkopplung wird in der Dopamin-Endorphin-Phase wesentlich schwächer und wandelt sich zu einer negativen Rückkopplung im weiteren Verlauf des Stimmungszyklus. Hierbei ist die rückkoppelnde Wirkung der Acetylcholinphase größer als die der Serotonin/Endorphin-Phase. Noradrenalin/Dopamin-Phase und Dopamin/Endorphin-Phase entsprechen ebenso einer Neunzig-Minuten-Periode wie Acetylcholin- und Serotonin/Endorphin-Phase. Das Ausmaß der Rückkopplung schwankt in Abhängigkeit vom Tageszyklus, was auf Sensibilisierungs- und Erschöpfungsprozesse im Transmitterhaushalt zurückzuführen ist.

Die Wirkung des Stimmungszyklus darf nicht mit der Wirkung von Emotionen verwechselt werden. Emotionen sind reizabhängige motorische Programme, die der Bahnung von Verhaltenssequenzen dienen. Ihre Dauer liegt im Bereich von dreißig Millisekunden bis drei Sekunden. Stimmungen hingegen beeinflussen die Reaktionslage über einen längeren Zeitraum. Emotionen haben auf Stimmungen nur eine modulierende Wirkung.

Die Schrittmacherzellen im Thalamus sorgen dafür, dass die in der Vorstellung integrierten Reize zur Großhirnrinde weitergeleitet werden. Durch Bahnungsprozesse geben sie den verschiedenen

Neuronengruppen gleichzeitig ein überschwelliges Erregungsniveau. Die weitergeleiteten Nervenimpulse überziehen als eine Erregungswelle das Großhirn. Die Frequenz der thalamischen Schrittmacherzellen wird von den Schwankungen des Wachheitszyklus beeinflusst.

Die Großhirnwelle, deren Verarbeitungskonstrukte die Motorik vorbereiten und das Verhalten planen, zeigt ein rhythmisches Schwanken der Hemisphärendominanz. In den beiden Großhirnhemisphären werden Vorstellung und Handlungsplan parallel weiter verarbeitet. Aus einer Vorstellung werden zwei wahrgenommene Vorstellungen und aus einem Handlungsplan zwei wahrgenommene Handlungspläne. Die wahrgenommenen Konstrukte wirken zurück auf den Thalamus und modifizieren dort die Ausgangskonstrukte. Bildung und Rückwirkung vollziehen sich im Takt der Großhirnwelle. Bei der Rückwirkung der wahrgenommenen Konstrukte wechseln sich räumlich orientierte und zeitlich orientierte Konstrukte ab. Einer Großhirnwelle mit örtlich orientiertem Konstrukt folgt eine solche mit zeitlich orientiertem. Diese wechselnde Dominanz beruht auf rückkoppelnden Wirkungen zwischen den Hemisphären. Die zeitlich orientierten Konstrukte werden etwas schneller gebildet und beginnen den Zyklus.

Während die bisher beschriebenen Schrittmachersysteme permanent arbeiten und hinsichtlich ihrer Effektorstruktur festgelegt sind, gibt es auch variable Schrittmachersysteme. Ihre Lokalisation in Thalamus und Großhirn betrifft schon mehrfach erwähnte Regionen, die für Vorstellung, Handlungsplan, wahrgenommene Vorstellung und wahrgenommenen Handlungsplan verantwortlich sind. Diese Schrittmacher werden erst ab einer bestimmten Höhe des neuronalen Erregungsniveaus wirksam. Neurophysiologisch gesehen handelt es sich hierbei um Neuronen, die nach einer leichten Stimulierung zeitlich begrenzt rhythmische Spontandepo-

larisationen auf-zeigen. Hinsichtlich ihres Inhaltes sind diese Schrittmacherkomplexe nicht endgültig festgelegt,
sondern durch Lernen modifizierbar.

Zusammenfassend sind Schrittmacherzellen in Thalamus, Großhirnrinde und Atemzentrum für die rhythmische, elektrische Eigenaktivität des Gehirnes verantwortlich. Diese Eigenaktivität wird von wahrgenommenen Reizen modifiziert. Im Gefolge der Schrittmacheraktivität entstehen Schlaf-Wachrhythmus, Stimmungszyklus, rhythmische Erregung des Großhirns, charakteristische Wahrnehmungs-Gedanken-Handlungsmuster und regelmäßiger Wechsel der Dominanz einer Großhirnhemisphäre.

Denken

Denken vollzieht sich innerhalb der wahrgenommenen Vorstellung und des wahrgenommenen Handlungsplans. Denken heißt wahrgenommene Vorstellungen und Handlungspläne transformieren. Dies geschieht durch Ordnen und Variieren der Vorstellungen und Handlungspläne im Bewusstseinsraum. Das Denken hört auf, wenn das Handeln beginnt.

Auch das Denken hat seine Organe: das Frontalhirn und die Schläfenlappen. Denken vollzieht sich verbal und non-verbal: non-verbal im Frontalhirn, verbal im Schläfenlappen. Linke und rechte Großhirnhemisphäre zeigen spezifische Varianten des Denkens.

Das sprachliche Denken ist die entwickelste Form des Denkens. Grundlage des sprachlichen Denkens ist der Begriff. Der Begriff ist die Benennung von Vorstellung oder Handlungsplan. Die Benennung erfolgt im Schläfenlappen. Mit dem Begriff wird die Sprache in das Denken eingeführt. Durch den Begriff wird der Laut zur Sprache. Der Satz ordnet die Begriffe im Bewusstseinsraum nach den Regeln der Grammatik. Die Grammatik versucht die mehrdimensionale Anordnung von Begriffen eindimensional abzubilden. Der Satz erhält seine endgültige Form beim Sprechen. Sprechen ist Handeln.

Innerhalb des Bewusstseinsraumes werden Vorstellungen klassifiziert. Die Klassifikation erfolgt nach gemeinsamen, vorgegebenen Merkmalen, die innerhalb der Reizanalyse zugeordnet werden. Derartige Vorstellungen werden auf einer Vorstellungsebene zusammengefasst. Maximal sieben Vorstellungen bilden eine Vorstellungsebene.

Mehrere Vorstellungsebenen bilden eine Vorstellungshierarchie. Die Vorstellungen der niedrigeren Ebene sind in den Vorstellungen der höheren enthalten. Maximal drei Vorstellungsebenen können eine Vorstellungshierarchie ausmachen. Vorstellungen können durch Ortsrelationen mit den Vorstellungshierarchien verbunden werden. Vorstellungskopien können an verschiedenen Orten in der gleichen wahrgenommenen Vorstellung auftauchen. Assoziative Verbindungen gewährleisten, dass mit einer Vorstellung auch die entsprechende Vorstellungshierarchie aktiviert wird.

Bis zum Eintritt der Handlung kann jeder Zirkel der Großhirnwelle die wahrgenommene Vorstellung durch neue oder veränderte Vorstellungen ergänzen. Die Veränderung der Vorstellungen erfolgt durch Differenzierung oder Assoziation. Bei der Differenzierung werden Reize durch andere ersetzt, bei der Assoziation werden neue Reize hinzugefügt. Die emotionsabhängige, hippocampale Verstärkung selektiert und stabilisiert die Vorstellungen.

Begriffe werden ähnlich wie Vorstellungen verbunden und transformiert. Durch die Einführung der Begriffe werden die Transformationen leichter durchführbar und komplexer. Der durch die Begriffe entstandene erweiterte Bewusstseinsraum des Textes macht neue Verbindungen zwischen den Begriffen möglich. Diese Verbindungen können auf dreierlei Art und Weise erfolgen: hermeneutisch, logisch oder kausal.

In der Hermeneutik wird ein Begriff als Sinn oder Zweck eines anderen Begriffes bezeichnet. Die Logik verknüpft den Begriff mit einer unteilbaren Zeiteinheit.

Damit erhält der Begriff seine Unverwechselbarkeit: er kann nur sein oder nicht-sein. Die Verbindung der Begriffe folgt dem Kriterium der Widerspruchsfreiheit. Die Kausalität schließlich sieht einen Begriff als von einem anderen verursacht an.

Ähnlich den Verhältnissen bei der Wahrnehmung muss auch beim Denken zwischen zeitlich orientierten und räumlich orientierten Denken unterschieden werden. Auch hier sind beide Formen unterschiedlichen Großhirnhemisphären zuzuordnen. Räumlich orientiertes Denken ist in der Regel in der linken Hemisphäre, zeitlich orientiertes Denken in der rechten Hemisphäre lokalisiert.

Zeitlich und räumlich orientiertes Denken werden über unterschiedliche Verarbeitungsgeschwindigkeiten etabliert. Räumlich orientiertes Denken ist eher mit einer langsamen Verarbeitungsgeschwindigkeit verbunden. Die Begriffe entsprechen nur wenig komplexen Vorstellungen. In Relation zu einem Bezugspunkt können die Vorstellungen im eindimensionalen Raum vor, nach oder identisch gruppiert werden. Die Verbindung der Begriffe erfolgt logisch oder kausal.

Zeitlich orientiertes Denken strukturiert bevorzugt unter hermeneutischen Gesichtspunkten. Im Vergleich zum räumlich orientierten Denken arbeitet es wesentlich schneller. Die Vorstellungshierarchien sind komplexer, umfassen einen längeren Zeitraum und können Bewegungen darstellen. Die Begriffe sind weniger gut voneinander abzugrenzen. Der Bewusstseinsraum ist zweidimensional, so dass weitere örtliche Relationen zur Anwendung kommen.

Von einer wahrgenommenen Vorstellung ausgehend, kann diese so lange transformiert werden, bis eine Handlung erfolgt. Dann beginnt eine neue wahrgenommene Vorstellung. Dieser Zeitraum wird begrenzt durch das Zirkulieren der Großhirnwelle und kann maximal drei Sekunden betragen. Das Denken ist hierbei nicht an den Erregungsschwerpunkt der Großhirnwelle gebunden, sondern geht auch vor sich, wenn letzterer beispielsweise über dem Thalamus liegt.

Die unterschiedlichen Verarbeitungsgeschwindigkeiten bewirken, dass das zeitlich orientierte Denken dem räumlich orientierten vorausgeht. Hemmungsprozesse zwischen den Hemisphären verstärken diesen Effekt, bewirken aber auch, dass die beiden Hemisphären sich in ihrer Einflussrolle abwechseln. Wirkt bei einer Großhirnwelle eher das räumlich orientierte Denken auf den Thalamus, so ist bei der nächsten Großhirnwelle das zeitlich orientierte Denken einflussreicher. Wird eine Handlung durchgeführt, haben beide Denkvarianten - in unterschiedlich starker Gewichtung - ihren Einfluss.

Gedächtnis, Aufmerksamkeit und Lernen

Elektrische Muster im Gehirn werden mit Hilfe positiver Rückkopplungsschleifen stabilisiert und durch Strukturveränderungen im neuronalen Übertragungsbereich - den Synapsen - fixiert. Durch positive Rückkopplung wird die Ausbreitung dieser elektrischen Muster erleichtert. Ihre Etablierung heißt Lernen. Das Gedächtnis umfasst die Re-Aktivierung etablierter Muster, die als Erinnern bezeichnet wird. Konkurrierende elektrische Muster werden abhängig vom Grad der Aufmerksamkeit gefördert oder geschwächt.

Gedächtnis, Aufmerksamkeit und Lernen benützen jeweils eigene Rückkopplungssysteme. Die für die Aufmerksamkeit zuständigen Bahnsysteme liegen in Frontal- und Temporallappen. Beim Gedächtnis muss zwischen situativem, deklarativem und motorischem Gedächtnis unterschieden werden. Rückkopplungsschleifen im Hippocampus unterstützen das situative Erinnern, deklaratives Erinnern ist mit entsprechenden Strukturen in Frontal- und Temporallappen verbunden und das motorische Gedächtnis greift auf Verstärkerfunktionen der Amygdala zurück. Beim Lernen wird ähnlich zwischen assoziativem Lernen, Wiederholungslernen und motorischem Lernen unterschieden. Die zuständigen Rückkopplungsprozesse sind analog dem Erinnern lokalisiert.

Aufmerksamkeitsprozesse werden durch Orientierungshandlungen eingeleitet. Die Orientierungshandlung wird durch spezifische Reizmuster ausgelöst und über das Bahnsystem der Formatio reticularis vermittelt. Deshalb ist sie eindeutig von Emotionen abgrenzbar. Zu den Orientierungshandlungen gehören Überraschung, Neugier und Schreckreaktion. Je nach der Natur des auslösenden Reizes dominieren bei der Reaktion Hinwendung, kurze Beugebewegungen oder Erstarren.

Gelingt es einem Reiz oder einer Vorstellung die Aufmerksamkeitsreaktion zu aktivieren, wird ein Stabilisierungsmechanismus im Großhirnbereich in Gang gesetzt. Von der Formatio reticularis ausgehend, werden Rückkopplungsschleifen in Temporal- und Frontalhirn angeregt, die die vorhandenen Muster stützen. Hiermit gelingt es einzelnen Reizen oder Vorstellungen, sich gegen andere durchzusetzen.

Ob etwas gelernt wurde, zeigt sich beim Erinnern. Unter Lernen wird die Etablierung neuer neuronaler Muster verstanden, unter Erinnern deren gezielte Rekonstruktion. Lern- und Erinnerungsprozesse werden entweder durch Aufmerksamkeitsreaktionen oder durch Emotionen eingeleitet.

Lernen bedeutet, dass neuronale Verbindungen neu hergestellt oder verfestigt werden. Die neuronalen Verbindungen betreffen Verknüpfungen innerhalb der Klasse der Vorstellungen oder der Handlungspläne sowie Verknüpfungen zwischen Vorstellungen und Handlungsplänen beziehungsweise Handlungen.

Beim Wiederholungslernen werden durch mehrmaliges Durchlaufen einer Neuronenkette neuronale Muster verstärkt. Die neuronalen Muster können unter dem Einfluss von Handlungsplänen konstruiert werden.

Das assoziative Lernen ist möglich bei neuronalen Mustern, die in engem zeitlichen Zusammenhang miteinander auftreten. Allein die Gleichzeitigkeit bewirkt hier neue nervliche Verbindungen. Assoziative Brücken, die bei Vorstellungshierarchien leicht gebildet werden können, verstärken die neuronalen Bahnungen. Die so entstandenen Verknüpfungen können Voraussetzung sein, dass Vorstellungen neue neuronale Ketten auslösen. Änderungen innerhalb der Vorstellungen sind auf ähnliche Weise möglich.

Beim motorischen Lernen werden von Vorstellungen ausgehend über das Emotionszentrum des Mandelkerns emotionale Teilhandlungen ausgelöst, die durch dem Denken zuzuordnende Prozesse differenziert werden können. Verstärkerprozesse der Amgydala bewirken hier eine direkte Verbindung von Vorstellung und Handlung, ohne dass im weiteren wahrgenommene Vorstellung und wahrgenommene Handlung interferieren können.

Die Erinnerung rekonstruiert Vorstellungen über eine assoziative Aktivierung vorhandener elektrischer Muster. Es ist dieser Rekonstruktionsprozess, der es erlaubt, Erinnerungsvorstellungen als von aktuellen verschieden einzuordnen. Die zeitliche Strukturierung in Gegenwart, Vergangenheit und Zukunft beschreibt nur die unterschiedlichen Wege der Generierung von Vorstellungen. Die mit Vorstellungen regelhaft verbundenen motorischen Reflexketten können bei der Rekonstruktion von Vorstellungen aktiviert werden.

Da es sich beim Erinnern im Wesentlichen nicht um einen Abrufprozess, sondern um einen Rekonstruktionsprozess handelt, müssen hier Rückkopplungsprozesse verstärkend eingreifen. Diese Rückkopplungsprozesse werden wie beim Lernen von Orientierungsreaktionen und Emotionen unterhalten. Die Musterrekonstruktion läuft ähnlich ab wie die Musterverfestigung. Die emotionsauslösende Wirkung von Emotionen lässt jedoch bei wiederholter Darbietung auslösender Vorstellungen nach. Sowohl Gelerntes als auch Erinnertes verblassen bei wiederholter Rekonstruktion. Die Verknüpfung zur begrifflichen

Repräsentation und zur Motorik werden allerdings bei Wiederholung verstärkt. Emotionen sind für Lernen und Erinnern entscheidender als Orientierungsreaktionen. Von der Vorstellung ausgehend, kristallisiert sich die Emotion im Mandelkern. Emotionen mit Annäherungsverhalten - angenehme Emotionen - fördern die anhaltende Etablierung elektrischer Muster durch Stimulierung von Rückkopplungsschleifen im Hippocampus. Emotionen mit Vermeidungshaltung unterdrücken die Hippocampusaktivität und wirken eher auf Rückkopplungsschleifen im Frontalhirn. Eine Zwischenstellung nehmen Emotionen mit Erstarren ein.

Assoziatives Lernen ist bei Emotionen im mittleren Intensitätsbereich am effektivsten. Wiederholungslernen und motorisches Lernen ist bei Emotionen hoher Intensität am stärksten ausgeprägt. Erinnern setzt die spezifische Lern-Emotion voraus.

Gedächtnis, Lernen und Aufmerksamkeit sind als an Rückkopplungssysteme gekoppelte Prozesse von Emotion und Orientierungsreaktion abhängig. Sowohl Emotion als auch Orientierungsreaktion haben Beziehungen zum Wachheits- und Stimmungszyklus. Schwankungen im Wachheits- und Stimmungszyklus sind deshalb mit Leistungsschwankungen von Gedächtnis, Aufmerksamkeit und Lernen verbunden.

Emotionen

Bevor die über Wahrnehmung und Denken entstandenen Handlungsentwürfe wirksam werden, haben schon andere Programme Einfluss auf die Motorik gewonnen: die Emotionen. Die emotionsbedingte Änderung der Motorik - Skelett- und Organmuskulatur - zeigt sich ausgeprägt im Wahrnehmungsbereich und lässt deshalb die Zuordnung einer spezifischen Eigenwahrnehmung zu den verschiedenen Emotionen zu.

Emotionen umfassen die genetisch fixierten Handlungsprogramme, die zu Annäherungs- oder Vermeidungsverhalten führen. Es werden unterschieden: Angst, Verzweiflung, Trauer, Ekel, Wut und Freude. Angst und Trauer gehören eindeutig zur Kategorie der Fluchthandlungen, während Wut und Freude genauso eindeutig zur Kategorie der Angriffshandlungen gehören. Ekel und Verzweiflung zeigen ein Schwanken zwischen Annäherungs- und Vermeidungsverhalten, wobei bei Ekel die Annäherung und bei Verzweiflung die Vermeidung dominieren.

Schlüsselreize innerhalb von Vorstellungen, selten auch spezifische Vorstellungen, sind die Auslöser von Emotionen. Der Thalamus ist der Ort, von dem aus die Emotionsprogramme der Amygdala erregt werden.

Wenige Ausnahmen wie zum Beispiel die Geruchswahrnehmung bewirken eine außerthalamische Stimulierung der Amygdala. Auch wahrgenommene Vorstellungen können Emotionen hervorrufen. Diese sind aber meist schwächer als die durch den Thalamus vermittelten.

Das Ausmaß, in dem die emotionalen Programme stimuliert werden, spiegelt sich in der Art der Motorikveränderung wider. Schwache Reizungen dieser Programme bewirken lediglich Veränderungen im Bereich der Gesichtsmuskulatur. Im mittleren Bereich werden Tonus der gesamten Muskulatur, Agonisten-Antagonisten-Abstimmung und Hemmungsprozesse im Bereich der Basalganglien beeinflusst. Starke Stimulierung schließlich löst Primitivhandlungen wie Laufen, Schleudern der Extremitäten, Zähne fletschen und ähnliche aus.

Ebenso wie sich Vorstellungen kontinuierlich ablösen, folgt eine Emotion auf die andere. Die kürzeste Zeitdauer einer Emotion beträgt dreißig Millisekunden, die längste drei Sekunden. Handlungsketten, die den Emotionen folgen, können diese Zeiträume wesentlich überdauern. Auch können Emotionen durch die mitihnen verbundenen Transmitterfreisetzungen zu Verschiebungen im Stimmungszyklus führen. Diese Verschiebungen können sowohl die aktuelle Stimmung als auch das Ausmaß der Stimmungsschwankungen und die Mittellage, um die die Stimmungen schwanken, betreffen.

Die durch die emotionalen Programme ausgelösten Veränderungen von Motorik und inneren Organen werden wiederum innerhalb von Vorstellungen wahrgenommen. Je nach Zeitverhältnis von Emotion und Vorstellung, d.h. vor allem bei kurzdauernden, schwachen Emotionen, beeinflusst die Emotion wieder die Vorstellung, durch die sie ausgelöst wurde. Sie stellt damit den bewertenden im Gegensatz zum registrierenden Aspekt der Vorstellung dar. Die Bewertung orientiert sich am Annäherungs- oder Vermeidungscharakter der Emotion und wird als angenehme oder unangenehme Empfindung bezeichnet.

Überraschung wird nicht über Vorstellungen ausgelöst. Die motorische Reaktion entspricht einer allgemeinen Aktivierungsreaktion und wird nicht über die Amygdala vermittelt. Obwohl Überraschung ein stereotypes, genetisch fixiertes Motorikmuster aufzeigt, ist sie nicht zu den Emotionen zu rechnen. Überraschung wird ausgelöst durch unerwartete, intensive Reize. Diese aktivieren unspezifisch die Formatio reticularis und beeinflussen damit den Wachheitszyklus. Die Stimulierung der motorischen Zentren im Sinne einer Orientierungshandlung erfolgt direkt von der Formatio reticularis aus. Neben Überraschung sind auch Neugier- und Schreckreaktion zu den Orientierungshandlungen zu zählen. Die Intensität der Stimulierung entscheidet darüber, welche der Orientierungshandlungen zum Tragen kommt.

Orientierungshandlungen zeichnen sich motorisch durch zwei Komponenten aus. Zum einen beinhalten sie eine Hinwendung zur Reizquelle. Diese dominiert bei schwacher Stimulierung. Bei stärkerer Reizung tritt eine zweite Komponente in den Vordergrund, die sich als kurze, generalisierte Beugebewegung darstellt. Bei lang andauernden Reizen tritt Erstarrung auf.

Auch beim Schmerz handelt es sich nicht um eine Emotion. Schmerz entsteht aufgrund einer spezifischen Rezeptorstimulation durch Gewebedestruktion und ist unter die Sinnesreize einzuordnen. Er führt zu einer starken Aktivierung der Formatio reticularis und löst damit eine Orientierungshandlung aus. Natürlich werden die Schmerzreize in Vorstellungen integriert und lösen somit in einem zweiten Schritt Emotionen aus. Auf die Zuordnung spezifischer Emotionen zu Schmerzreizen haben Lernprozesse einen großen Einfluss.

Handeln

Die Muskelbewegung erfolgt im Rahmen neuronal vermittelter Programme. Derartige Programme sind in verschiedenen Bereichen des Zentralnervensystems in unterschiedlicher Komplexität festgelegt. Die einfachste Form ist der Reflex, der die Grundorganisation des Nervensystems widerspiegelt: vom Rezeptor auf die Antwortzelle. Kompliziertere motorische Programme betreffen Fortbewegungsverhalten, Vorbereitung und Durchführung von Angriffs- und Fluchtverhalten und den differenzierten Einsatz einzelner Muskelgruppen. Diese Programme laufen unter Einbeziehung von Haltungsmotorik und Orientierungshandlungen ab.

Im Ruhezustand dominieren im Bewegungsapparat Beugehaltungen. Entsprechend besteht das grundlegende Programm der Motorikaktivierung aus Streckmechanismen. Diese Primitivbewegungen finden sich in den Programmen motorischer Zentren, von denen auch Geh- und Kriechbewegungen ausgelöst werden können. Lokalisatorisch sind sie dem Hirnstamm zuzuordnen.

Beim Säugling sind Streck-, Geh- und rudimentäre Kriechbewegungen noch reflektorisch auslösbar. Reifungsprozesse führen hier zu einer Hemmung der Reflexe. Zu betonen ist, dass die Programme für Streck-, Geh- und Kriechbewegungen im Laufe der Individualentwicklung nicht gelöscht werden, sondern vielmehr nur dort gehemmt werden, wo sie stören.

Wenn anlagebedingte oder erworbene Störungen zu einer unvollständigen Hemmung von Streck-, Geh- oder Kriechbewegungen führen, wird die Aktionsmotorik von unpassenden Mitbewegungen überlagert. Dystone Bewegungen entstehen bei inkompletter

Hemmung der Kriechbewegungen, während bei gestörter Hemmung der Gehprogramme choreiforme Bewegungsmuster auftreten. Eine zu starke Hemmung von Kriech- und Gehprogrammen führt zu einem parkinsonartigen Bewegungsbild.

Die Aktivierung der motorischen Hirnstammzentren erfolgt im Rahmen des Wachheitszyklus über die Formatio reticularis. Nach Ausreifung des Nervensystems und bei funktionierenden Hemmungsmechanismen kommt eine derartige Motorikmobilisierung nur noch bei Orientierungshandlungen zum Tragen. Auslöser sind hier intensive und unerwartete Reize. An Orientierungshandlungen werden die Orientierungsreaktion, die Überraschungsreaktion und die Schreckreaktion unterschieden.

Als motorisches Zentrum ist auch der Mandelkern anzusehen. Hier werden emotionale Programme durch spezifische Vorstellungen aktiviert. Emotionen oder emotionale Programme sind für Verhalten verantwortlich, das der Vorbereitung oder Durchführungvon Annäherung oder Vermeidung dient. Nur bei starken Stimuli werden die Verhaltensweisen sofort ausgelöst, ansonsten dominieren Bahnungsprozesse, die sich vor allem in Bewegungen der mimischen Muskulatur und in Spannungsänderungen der Skelettmuskulatur äußern.

Der differenzierte, zielgerichtete Einsatz von Muskelbewegungen wird als Aktionsmotorik bezeichnet. Voraussetzung der Aktionsmotorik sind Handlungsentwurf und wahrgenommener Handlungsentwurf. Handlungsentwürfe entstehen im Thalamus im Zusammenhang mit Vorstellungen. Die Frontallappen des Großhirns sind für die wahrgenommenen Handlungspläne verantwortlich, wobei wiederum zwischen rechter und linker Hemisphäre unterschieden werden muss. Zwei Strukturen spielen bei der Umsetzung der Handlungsentwürfe eine wichtige Rolle: die Basalganglien und das Kleinhirn.

Abhängig von ihrem spezifischen Charakter aktivieren Reize über die Formatio reticularis primitive Bewegungsprogramme in den Hirnstammzentren. Unter dem Einfluss von Vorstellungen werden über emotionale Programme und Handlungsentwürfe diese primitiven Bewegungsprogramme wiederum modifiziert. Die Modifikation wird im Wesentlichen über Hemmprozesse erreicht. Ausgehend von einer allgemeinen Aktivierung großer Muskelgruppen werden die störenden Muskelmobilisierungen gehemmt, bis eine spezifische Muskelbewegung erreicht ist. Die Hemmung erfolgt im Bereich der Basalganglien. Diese werden passiert, wenn die Großhirnwelle vom Frontallappen zurück zum Thalamus läuft.

Die Auslösung von Muskelbewegung zeichnet sich also nicht durch die spezifische Aktivierung der benötigten Muskelgruppen aus, sondern durch Hemmung der nicht benötigten. Jedes Motorikprogramm, das in Thalamus oder Großhirnhemisphären entsteht, erhält seine endgültige Ausprägung durch spezifische Hemmungsvorgänge in den Basalganglien. Gehemmt werden hierbei Teile einer Motorikaktivierung, die von Hirnstammzentren ausgeht.

Neben der Hemmung von Muskelgruppen haben die Basalganglien noch eine weitere Funktion: die Festlegung der Reihenfolge der Bewegungskomponenten. Die Handlungsentwürfe von Thalamus und Großhirnhemisphären haben allgemeinen Charakter und sind hinsichtlich des Nacheinander der Handlungskomponenten nicht festgelegt. Erst in den Basalganglien wird mit Festlegung des Hemmungsmusters eine endgültige Ordnung geschaffen. Störungen der Basalganglien führen deshalb auch zu Störungen in der Abfolge der Bewegungskomponenten. Ist die Reihenfolge der Bewegungskomponenten hingegenkorrekt festgelegt, laufen die Handlungen wie "unterbewusst" oder automatisch ab.

Das Kleinhirn ist für die Haltungsmotorik zuständig. Während die Aktionsmotorik die Realisierung des Bewegungsziels anstrebt, schafft die Haltungsmotorik durch Schwerpunktstabilisierung die Voraussetzungen für den geplanten Ablauf der Bewegung. Das Kleinhirn erhält frühe Informationen von den Vestibulariskernen und den motorischen Hirnstammzentren und ist zunächst von den Vorstellungen und Handlungsentwürfen aus Thalamus und Großhirn unabhängig.

Die Haltungsmotorik geht der Aktionsmotorik voraus, wird aber im Zuge der Umsetzung von Handlungsentwürfen oder Emotionen modifiziert. Betroffen sind vor allem Rumpf- und Augenmuskeln, weniger die Extremitätenmuskulatur.

Das Verhalten ist in Handlungsketten organisiert. Jede Handlung beeinflusst die nächste Vorstellung und damit den nächsten Handlungsentwurf. Handlungsketten führen zu einem stabilen, vorhersagbaren Verhalten. Geänderte oder neue Handlungen müssen in eine Handlungskette eingebaut werden, um überdauernd wirksam zu sein.

Die Unterbrechung einer Handlungskette geht von Vorstellungen aus, die in der Lage sind, über Orientierungshandlungen, Emotionen und Handlungsentwürfe zu einer überschwelligen Motorikaktivierung zu führen. Reize, die eine Homöostasestörung (Hunger, Durst etc.) anzeigen, sind bevorzugt für derartige Vorstellungen verantwortlich. Sie zeichnen sich dadurch aus, dass sie auf spezifische Endhandlungen abzielen, die die Homöostasestörung beseitigen. Dennoch ist man hier nicht berechtigt von reflexhaftem oder triebhaftem Verhalten zu sprechen. Zwischen Reiz und Endhandlung schieben sich Orientierungshandlung, Emotion und Handlungsentwurf, die die Handlung entscheidend modifizieren und die Endhandlung sogar unterdrücken können.

Bewusstsein, Ich und Willensfreiheit

"Bewußtsein", "Ich" und "Willensfreiheit" sind dem Denken zuzuordnen. Als Begriffe sind sie Teil des sprachlichen Denkens und entstehen - wie alle Begriffe - durch Benennung von wahrgenommenen Vorstellungen. Entsprechend der hemisphärenabhängigen Trennung in räumlich und zeitlich orientiertes Denken können - von einer Vorstellung ausgehend - zwei unterschiedliche Begriffe gebildet werden. Zu den Begriffen "Bewusstsein", "Ich" und "Willensfreiheit" führt jedoch nur das zeitlich orientierte Denken. Dem räumlichen Denkprinzip sind diese Begriffe fremd.

Das räumlich orientierte Denken kennt in seiner Eindimensionalität kein gleichzeitiges Sein nichtidentischer Dinge und keine Entwicklung in der Zeit. Gerade dies zeichnet aber den Begriff "Bewusstsein" als Matrix der Innenwahrnehmung aus. Des weiteren verknüpft das räumliche Denken Begriffe über die Kausalität. In diesem Begriffssystem ist ein aus sich heraus handelndes Ich oder ein freier Wille nicht unterzubringen.

Während das Denken automatisch und unbemerkt zwischen den beiden Modi räumlich und zeitlich orientiertes Denken abwechselt und Handeln - je nach Erfordernis - bald mehr links- oder rechtshirnig bestimmt wird, ist es unmöglich, Begriffe aus der einen Denkform in die andere zu übersetzen. Wäre dies möglich, könnte auf eine der Denkformen verzichtet werden. Der Horizont des Handelns würde dadurch beträchtlich verkleinert.

Es ist durchaus erfolgversprechend, wenn - um die Möglichkeiten des Handelns zu erweitern - angenommen wird, dass Handeln durch das maschinenmäßige Arbeiten von Neuronenverbänden bestimmt wird. Mit großer Sicherheit werden hier Zusammenhänge offengelegt werden, die der Handlungssteuerung nützlich sind. Eine vollkommene Handlungssteuerung oder Handlungsvoraussage wird man auf diese Weise nicht erreichen. Ebenso wenig wird man das Wahrgenommene als Nervenzellprodukt darstellen können. Denn das räumlich orientierte Denken, dem solches Bemühen entspringt, bildet nicht die Syntax der Ereignisse ab, sondern ist nur eine der beiden Schablonen, mit der der Mensch die Ereignisse in Zusammenhang zu bringen versucht.

"Bewusstsein", "Ich" und "Willensfreiheit" als Begriffe des zeitlich orientierten Denkens können nicht durch das räumlich orientierte Denken "erklärt" werden. Damit das räumlich orientierte Denken mit ihnen umgehen kann, muss es sie definieren, operationalisieren und damit verstümmeln. Was schließlich mit der Aktivität von Nervenzellen korreliert wird, gibt nicht mehr den ursprünglichen Begriffsgehalt wieder.

Um etwas über die Begriffe "Bewusstsein", "Ich" und "Willensfreiheit" auszusagen, muss man sich auf eine Vagheit einlassen, die dem räumlich orientierten Denken verdächtig ist. Der Verzicht auf ein physikalisches Korrelat scheint hier jede Aussage beliebig zu machen. Dies trifft jedoch nur in soweit zu, als die Bedeutungsgrenze dieser Begriffe beim Individuum liegt. Da diese Begriffe ihre Rolle bei der Handlungssteuerung des Individuums - in Abgrenzung zur Steuerung einer Gruppe von Individuen - spielen, ist dies jedoch vollkommen ausreichend.

Mit den vorangehenden Einschränkungen kann über das Bewusstsein dennoch gesagt werden, dass es den dreidimensionalen Raum der Außenwahrnehmung nachbildet, ohne dessen energetischen Begrenzungen unterworfen zu sein. Die Bewegungen des Bewusstseins erfolgen mühelos und werden durch die grundlegenden Denkoperationen strukturiert. Hinsichtlich der Sinnesorgane lehnt sich das Bewusstsein sehr stark an Seh- und Tastsinn an, die die beste Orientierung in der Dreidimensionalität ermöglichen. Allen weitergehenden Versuchen einer sprachlichen Fokussierung entgleitet der Bewusstseinsbegriff in eine unendliche Spiegelung.

Bewusst wahrnehmen, denken oder handeln induziert ein Subjekt, dem diese Tätigkeiten zugeschrieben werden können. Dieses wird "Ich" genannt. Auch hier führt der Versuch eines definitorisch-lokalisatorischen Vorgehens zu einem unendlichen Regress. Das "Ich" entsteht bei der Substantiierung von spezifischen, regelmäßig wiederkehrenden Abläufen, die dem zeitlich orientierten Denken zuzuordnen sind. Es ist zwar an gewisse anatomische Strukturen - vor allem den Thalamus - gebunden, kommt aber erst mit der Tätigkeit in die Existenz. Ohne Tätigkeit gibt es kein "Ich".

Da die Tätigkeiten innerhalb des Bewusstseins sich den geläufigen physikalischen Grundbegriffen verschließen, muss - um kausalitätsorientiertes Denken zu ermöglichen - ein neuer Begriff eingeführt werden. Dieser Begriff ist die Willensfreiheit. Das Konzept des freien Willens leistet im zeitlich orientierten Bewusstseinsraum ähnlich gute Dienste wieder physikalische Kraft- oder Energiebegriff im räumlich orientierten Denken. Es hilft das Ursache-Wirkungsprinzip beizubehalten. Dem "Ich" stellt sich jede Entscheidungssituation, die auf mehrere Handlungsmöglichkeiten hinweist, als durch den freien Willen bestimmbar dar. Eine konstante Handlungsorientierung wird dadurch unterstützt.

Die Denkmodi des räumlich und des zeitlich orientierten Denkens wirken stets gemeinsam auf das Handeln ein. Es ist unmöglich, anhaltend nur einem Denkmodus zu folgen. Beide Denkarten können jedoch weiterentwickelt werden. Mit dem Übergang des Menschen sind sogar neue Modi zu erwarten.

www.tredition.de

Über tredition

Der tredition Verlag wurde 2007 in Hamburg gegründet und ermöglicht Autoren das Publizieren von e-Books, audio-Books und print-Books. Autoren veröffentlichen ihre Bücher selbständig oder auf Wunsch mit der Unterstützung von tredition. print-Books sind in allen Buchhandlungen sowie bei Online-Händlern gedruckter Bücher erhältlich. e-Books und audio-Books können auf Wunsch der Autoren neben dem tredition Web-Shop auch bei weiteren führenden Online-Portalen zum Verkauf angeboten werden.

Auf www.tredition.de veröffentlichen Autoren in wenigen leichten Schritten ihr Buch. Zusätzlich bieten zahlreiche Literatur-Partner (das sind Lektoren, Übersetzer, Hörbuchsprecher und Illustratoren) ihre Dienstleistung an, um Manuskripte zu verbessern oder die Vielfalt zu erhöhen. Autoren können dieses Angebot nutzen und vereinbaren unabhängig von tredition mit Literatur-Partnern ihre Zusammenarbeit und partizipieren gemeinsam am Erfolg des Buches.

www.ingramcontent.com/pod-product-compliance
Lightning Source LLC
Chambersburg PA
CBHW030513220526
45464CB00006B/2784